살 좀 빼겠다고 자꾸 굶고 그러지 마십시오.

먹어서 살찌는 게 아니라 너무 많이 먹어서 그런 거지 말입니다.

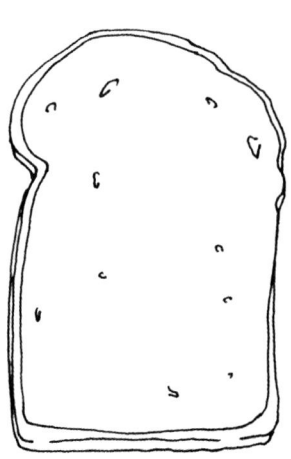

每日 한 컵 : 저칼로리 식사

매일

김수연 지음

하루 한 컵의 약속, 매일 약속

: 잘 먹는 공부와 실천이 필요한 분들, 전부 다 모입니다!

회사 갈 때, 학교 갈 때, 놀러갈 때도 한 컵씩 장착!

이렇게 하는 겁니다. 우선 자(jar), 그러니까 요즘 한창 유행하는 밀폐 유리병? 유리 단지? 유리컵? 뭐, 이런 걸 몇 개 사고 보는 겁니다. 싸우러 나가려면 무기가 필요한데 바로 이것들이 강력한 무기가 되니까요.

그 다음에는 이 책을 열어보고 하나씩, 하루 한 끼를 대신할 음식을 골라보는 겁니다. 샐러드 스타일의 간단한 음식들이라 만들기 쉽고, 몸에도 엄청 좋습니다. 점심 도시락으로 한 컵씩 들고 나가도 좋고, 아침 식사용으로 미리 만들어서 냉장고에 넣어두었다가 후딱 한 컵 먹을 수도 있죠. 그러면? 그러면 어떻게 된다? 디톡스와 다이어트의 꿈이 실현된다, 이거죠. 못 믿으시겠어요?

그럼 어디 한번 해볼까요? 모르기는 해도 하루 한 컵의 마법이 당신의 라이프스타일을 확 바꿔놓게 될걸요.

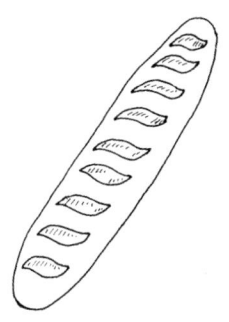

내 몸을 한 템포 쉬게 하는 좋은 습관,
매일 한 컵이면 충분하겠습니다

〈매일 한 병 : 다이어트 스무디〉를 출간한 지 근 1년 만에 다시 인사를 나누게 되었군요. 스무디. 맛은 어땠는지, 드실 만했는지, 열심히 챙겨 드셨는지 궁금합니다. 스무디에 이어 이번에는 저칼로리 식사, 쉽게 말하면 샐러드 도시락입니다.

사실은 집에서 밥 한 끼 제대로 먹을 시간도 없이 모두들 분주히 살고 있습니다. 아이는 아이대로, 어른은 어른대로 다들 그래요. 집 밥보다는 식당 밥을 더 많이 먹고 있으니 건강할 겨를도 없습니다. 입에 당기는 정체불명의 음식들만 몸속에 부어주고 있는 셈이죠. 정말 걱정입니다.

자(jar) 샐러드가 대안이 될 수도 있겠다고 생각했습니다. 몸 안의 독소를 빼주면서 건강한 습관을 실천하게 하는 건널목, 이런 게 아닐까 싶었던 것이지요. 채소, 과일, 곡물과 단백질이 적절히 섞여 있는 건강식인 데다 미리 만들어 냉장고에 쟁여놓아도 금방 만든 것처럼 신선하게 먹을 수 있다는 장점이 있으니까요.

뉴욕에서 처음 시작되어 세계적으로 큰 인기를 모으고 있는 자(jar) 샐러드
는 밀폐성이 뛰어난 유리병 혹은 유리컵에 파프리카, 오이, 토마토 등 갖은
채소와 콩, 곡류 등을 층층이 레이어드해서 만듭니다. 그야말로 참 예쁜 한
병의 식사입니다. 게다가 만드는 법도 설렁설렁! 조리를 최소화했으니 영양
소의 파괴도 그만큼 줄어든 음식들입니다.

밖에서 사먹는 음식 때문에 속이 부대끼거나 반찬까지 만들어 도시락 싸는
일이 부담스러웠다면, 다이어트가 시급한데 굶고는 못하겠다면, 한 병 식사
를 추천합니다. 참 반가운 대안이 될 것입니다.

매일매일 하면 제일 좋지만 띄엄띄엄 해도 몸을 위한 건강한 습관이라는 점
에서 더할 나위 없이 훌륭합니다. 다이어트를 위한 음식 조절이라는 게 늘
작심삼일, 실패로 끝났다면 이번에는 사흘에 한 번씩 결심을 새로이 하면서
더 건강하고 날씬한 몸을 만들어보세요.

이상, 요리하는 여자 김수연이었습니다!

004 하루 한 컵의 약속, 매일 약속
잘 먹는 공부와 실천이 필요한 분들, 전부 다 모입니다!

006 저자의 말
내 몸을 한 템포 쉬게 하는 좋은 습관, 매일 한 컵이면 충분하겠습니다

012 편집자의 말
도시락은 귀찮고, 식당 밥은 질리고! 그럼 대체 어쩝니까? 굶습니까?

016 에프북이 먼저 해본 한 컵 식사가 대안입니다
수박리코타치즈샐러드, 병아리콩스프레드, 오버나이트오트밀

1
먹기 전에 잠깐!
지식 한 병 채우고 가십시다

026 한 컵 샐러드, 이래서 좋습니다
028 한 컵 샐러드, 이렇게 준비합니다
032 한 컵 샐러드, 드레싱이 한끗입니다
033 한 컵 샐러드, 이렇게 담아 먹습니다

2

디톡스 하거나, 다이어트 하거나!
그린그린한 샐러드입니다

038 그린샐러드 252kcal
042 닭가슴살채소샐러드 254kcal
046 두부해초샐러드 260kcal
048 시저샐러드 390kcal
052 콥샐러드 301kcal
054 찐채소샐러드 382kcal
058 병아리콩채소샐러드 227kcal
060 도토리묵채소샐러드 174kcal
064 퀴노아채소샐러드 293kcal
066 보리채소샐러드 278kcal

3

칼로리 낮추고, 근육 키우고!
단백질 강화 샐러드입니다

070 참치렌틸콩샐러드 289kcal

074 샤브샤브샐러드 292kcal

076 버섯채소샐러드 318kcal

078 스테이크구운채소샐러드 352kcal

082 훈제연어샐러드 246kcal

084 토마토치즈아보카도샐러드 353kcal

4

면을 넣거나, 밥을 담거나!
한 끼 식사로 충분한 샐러드입니다

088 펜네토마토소스샐러드 405kcal

092 쌀국수샐러드 199kcal

096 푸실리앤초비샐러드 384kcal

098 쿠스쿠스믹스콩샐러드 399kcal

102 마카로니샐러드 399kcal

104 중국식냉라면샐러드 300kcal

106 실곤약매콤샐러드 139kcal

108 냉메밀샐러드 169kcal

110 채소볶음드라이카레 328kcal

112 삼색비빔밥 290kcal

5

가끔은 달달한 기쁨도 있어야 해서!
디저트로 좋은 메뉴입니다

116 아사이볼 211kca

118 그린스무디볼 176kcal

120 오렌지망고치아시드 푸딩 234kcal

122 과일샐러드 281kcal

124 끝내는 인사

130 30일 다이어트 메모장

도시락은 귀찮고, 식당 밥은 질리고!
그럼 대체 어쩝니까? 굶습니까?

"자장면? 라면? 김치찌개? 제육덮밥? 아, 진짜! 오늘 점심은 또 뭘 먹지?"
매일 하게 되는 고민 중에 이런 게 있죠. '뭐 먹지?' 하는 거.

바깥 음식이라는 게 아무리 맛있어도 예닐곱 번쯤 먹고 나면 질리거든요. 맛이 좋다 싶으면 뭐가 들어갔는지 걱정이고, 건강한 음식이다 싶으면 값이 비싸고. 그러다 보니 허구한 날 자장면에 라면, 김치찌개에 김치볶음밥, 김밥에 떡볶이… 그러네요. 매일 먹는 음식이 곧 '나'입니다.

뭘 먹고 사는지가 내 삶을 말해 주는 거라고 해요. 그래서 이 책을 만들었습니다. 하루 한 끼, 내 손으로 만든 건강하고 야무진 음식을 나에게, 또 내 가족에게 먹여주자고 주장하는 거지요.

삼시 세 끼, 엄마가 차려준 밥을 먹을 수 있다면 얼마나 좋을까요? 윤기 자르르한 밥에 삼색나물, 김치, 생선구이와 국 한 그릇이면 세상 부러울 것 없을 것 같은데 말이죠. 그래서 요즘은 도시락을 많이들 싸더군요. 그런데 사실 도시락이라는 것도 좀 그렇습니다. 밥 따로, 반찬 따로! 아주 신경 쓰이는 일입니다. 게다가 국물 흐르는 음식은 마음껏 담기도 어렵습니다. 임금님 모시듯 그래야 하는 거죠.

이럴 때 한 컵 식사가 딱 좋습니다. 샐러드로 만들어 한 병에 차곡차곡 담아서 가방에 쏙 넣기만 하면 끝. 소스 흐를 염려가 없으니 더 좋고, 간단하게 들고 나갈 수 있으니 안성맞춤입니다. 일 나가는 사람, 학교 가는 사람, 소풍 가는 사람, 산책하는 사람… 그 어떤 사람의 어느 순간에도 이만한 식사가 없을 것 같습니다.

Capture One ...

Capture One ...

Capture One ...

Capture One ...

Capture One ...

Capture One ...

Capture One ...

Capture One ...

Capture One ...

Capture One ...

Capture One ...

Capture One ...

Capture One ...

Capture One ...

Capture One ...

Capture One ...

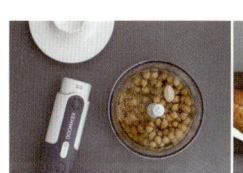

Capture One ...

Capture One ...

Capture One ...

Capture One ...

건강염려증? 습관성 다이어트 의존증? 딱 버리십시오!

Capture One ...

Capture One ...

Capture One ...

Capture One ...

Capture One ...

Capture One ...

Capture One ...

Capture One ...

에프북이 먼저 해본 한 컵 식사가 대안입니다

책을 만들 때 독자보다 먼저 실험? 혹은 실천해 보는 것이 [에프북] 식구들의 특징입니다. 이번에도 그런 시간을 먼저 가져봤습니다. 그래서 사무실 한쪽에는 다양한 브랜드와 용량의 자(jar)가 가득합니다.

입 짧기로 소문난 에프북 왕언니는 케일 한 줌에 사과 한 개를 통째로 갈아낸 스무디와 수제 요구르트를 부은 과일샐러드를 좋아합니다.

단맛과 짠맛은 질색하는 에디터 K는 토마토와 양파, 피망의 조합이라면 한 컵이 아니라 한 소쿠리도 뚝딱 비우죠. 툭하면 장염이나 변비에 시달리는 에디터 C는 오트밀을 요구르트에 밤새 불린 오버나이트 오트밀을 아침마다 먹고요. 밤마다 안주 대용으로 라면을 찾는 남편에게 수박리코타치즈샐러드를 권하며 뱃살을 관리하는 에디터도 있습니다. 시원하게 냉장 보관한 수박리코타치즈는 맛도 좋고, 칼로리 부담도 없는 데다 보기에도 예뻐서 한 끼 식사뿐 아니라 디저트로도 적당하지요.

에디터 P는 병아리콩을 갈아 만든 후무스를 냉장고에 쟁여두고 샐러드 토핑이나 잼 대용으로 활용합니다. 한꺼번에 삶아둔 콩은 냉동실에 보관했다가 샐러드에 넣기도 하고요.

미리 만들어 냉장고에 넣어두었다가 급할 때 요긴하게 활용하는 한 컵의 식사. 블렌더에 갈면 스무디가 되고, 접시에 펼치면 샐러드, 빵에 끼워 넣으면 샌드위치가 뚝딱, 크래커와 함께 내놓으면 술안주로도 손색없는 다재다능한 아이템입니다. 이만한 식사가 또 있을까요?

오늘부터 함께 시작하기로 할까요? 한 컵 탈탈 털어 맛있게 먹으면서 날씬하게 건강해지는 습관 말입니다.

이상, 책 만드는 회사 에프북이었습니다!

수박리코타치즈샐러드

이런 재료를 준비합니다

수박(깍둑썰기) 2컵
리코타치즈 · 바질 잎 ·
통후추 약간씩

1 수박은 한입 크기로 깍둑썰기 한 다음 씨를 제거하고 그릇에 담는다.

2 리코타치즈는 취향대로 올리고 생바질 잎을 얹어 장식한다.

3 후춧가루를 뿌려 먹는다. 통후추를 그라인더에 갈아서 사용하면
　더 맛있고, 후춧가루를 좋아하지 않는다면 빼고 먹어도 상관없다.

"수박은 미리 썰어서 이가 시리도록 차갑게 냉장 보관해 두었다가
사용하는 것이 제맛입니다. 시원하고 달콤한 수박이 리코타치즈를 만나면
엄지손가락이 저절로 올라가게 되어 있죠. 어른도 어른이지만,
더운 날 아이들 간식으로도 더할 나위 없답니다."

병아리콩스프레드(후무스)

OLIVE OIL

BEANS

SESAME

KENWOOD

이런 재료를 준비합니다

병아리콩 1컵
소금 1/2작은술
올리브오일 2큰술
마늘 1쪽
통깨 · 레몬즙 1큰술씩
병아리콩 삶은 물 1/2컵
파프리카 가루 적당량

1 병아리콩은 물에 담가 하룻밤 정도 불린다.

2 불린 병아리콩에 물 2컵 이상을 붓고 소금을 넣어
20분 정도 삶는다.

3 삶은 병아리콩에 올리브오일, 마늘, 통깨, 레몬즙,
병아리콩 삶은 물을 넣고 블렌더나 푸드 프로세서에 간다.

4 먹기 전에 올리브오일과 파프리카 가루를 취향대로
뿌려 먹는다.

"잼과 버터의 유혹에서 벗어날 수 있는
아주 좋은 대안입니다.
설탕이 들어가지 않은 건강한 빵에
태산처럼 듬뿍 얹어서 먹으면 건강해지는
소리가 들리죠. 단맛이 좀 필요하다면
꿀이나 과일청을 살짝 곁들여도 괜찮습니다."

콩 좀 먹어보는 완벽한 방법

드르 드르륵 건강해지는 소리가 들립니다

오버나이트오트밀

이런 재료를 준비합니다

압착 오트밀 3큰술
플레인 요구르트 80㎖
블루베리나 건과일
혹은 계절 과일 적당량
꿀 약간

1 병 하단에 납작하게 눌러 만든 압착 오트밀을 깔고
　플레인 요구르트 또는 수제 요구르트를 얹어서
　냉장고에 넣고 하룻밤 둔다.
2 블루베리나 건과일, 혹은 계절 과일은 토핑해서
　싸들고 나간다. 먹기 직전에 골고루 섞어서 먹는 것이
　방법. 취향에 따라 꿀을 조금 넣어도 좋다.

"식감 좋은 오트밀에 요구르트를 듬뿍 섞어서 한입 가득 넣고 오물오물 씹다 보면
정말이지 금방이라도 날아갈 것 같은 건강한 기분이 듭니다. 여기에 제철 과일의
싱싱한 맛으로 입안도 헹구고요. 식사에서 디저트까지 한 병으로 모두
끝낼 수 있으니 이보다 더 좋을 수 있겠어요?"

The Grass
is green
water
you will be
healthy

1

먹기 전에 잠깐!
지식 한 병 채우고 가십시다

한 컵 샐러드,
이래서 좋습니다

기호에 따라 자유롭게! 채소와 친해집니다

자(jar) 샐러드는 싱싱한 채소 위주의 식사를 매일 과식하지 않고 정해진 양만큼 먹을 수 있기 때문에 다이어트에 그만이다. 맵고 짜고 달고… 강한 맛에 길들여진 우리 몸을 한 템포 쉬어가며, 가볍게 비우고 싶을 때 활용하기 안성맞춤인 메뉴다.

특히 고소하고 향이 강한 루콜라나 다양한 허브 잎, 쌉싸래한 맛을 내는 잎채소 등을 더해 샐러드를 만들면 드레싱의 양을 최대한 줄이고 채소 자체의 맛만으로도 충분히 맛있는 샐러드를 즐길 수 있다.

또한 채소나 그 밖의 재료들은 레시피에 크게 구애받지 말고 냉장고에 남아 있거나 자신이 좋아하는 것 몇 가지만을 사용해도 좋다. 물론 재료의 분량도 기호에 따라 적절히 조절한다.

간편한 테이크아웃! 도시락으로 맞춤입니다

한 병 식사는 각종 양념이나 복잡한 조리 노하우가 필요 없다는 것이 장점이다. 다이어트를 하는 직장 여성들의 도시락이나 일하는 엄마를 배려한 아이 식사와 간식, 며칠 두고 먹을 수 있는 보존식 등으로 활용해 본다. 지루하지 않게, 오랫동안 샐러드를 즐길 수 있도록 간단한 채소 샐러드부터 곡물과 면을 이용한 샐러드, 고기와 해물이 들어간 샐러드, 그리고 달콤한 한 병 디저트까지 꼼꼼하게 챙겼다. 다이어트 중 달콤한 것이 생각날 때는 식사 대용으로 먹을 수 있는 디저트 한 병으로 기분 전환을 해보는 것도 좋겠다.

보기에도, 먹기에도 제격입니다

자 샐러드는 다양한 잎채소와 파프리카, 오이, 방울토마토 등 컬러풀한 채소들을 골고루 사용하기 때문에 뭐니 뭐니 해도 보기에 예쁘고 식욕을 끌어당긴다. 그래서 먹을 때는 물론 만들면서도, 들고 다닐 때도 기분이 업 되게 마련. 먹음직스럽고 눈길을 유혹하는 자 샐러드를 만들려면 무엇보다 재료들의 컬러와 잘린 단면, 모양들을 고려해서 자에 층층이 담는 것이 중요하다.

만들기 쉽고 조리법이 간단합니다

자 샐러드를 오랫동안 계속해서 먹을 수 있는 이유는? 무엇보다 만들기 쉽기 때문이다. 재료들을 썰거나 데쳐서 드레싱과 함께 자에 차곡차곡 담기만 하면 끝! 좋아하는 재료들을 고르고, 밥 또는 면, 디저트까지 메뉴를 조금씩 바꿔가며 만들다 보면 질리지 않고 오랜 기간 맛있게 먹을 수 있다.

다이어트 하는 사람에게 강추입니다

1인용 도시락을 쌀 때 사용하면 좋은 자의 사이즈는 500ml 정도. 물론 좀 더 적극적으로 다이어트를 하기 원한다면 그보다 더 작은 사이즈의 자를 사용해도 좋다. 하지만 다이어트를 오래 지속하기 위해서는 무리는 금물. 레시피의 재료나 분량에 구애받지 말고 좋아하는 채소나 곡물, 콩 등을 자신의 양에 맞게 조절해 가며 담는다. 매일 일정한 양의 채소 위주의 도시락을 먹다 보면 특별히 노력하지 않아도 저절로 몸이 가벼워지는 것을 느낄 수 있다.

밀폐성이 높아 재료들을 싱싱하게 보존합니다

자는 뚜껑이 2중 구조로 되어 있어서 밀폐성이 뛰어나다. 채소들의 물기를 말끔히 제거한 후 뚜껑을 덮어서 냉장 보관할 경우 2~3일 정도는 거뜬하다. 게다가 유리로 되어 있기 때문에 냄새가 잘 배지 않고, 내열성이 뛰어나 열탕 소독이 가능하므로 오랫동안 위생적으로 사용할 수 있다. 샐러드용 자는 입구가 큰 용기를 사용해야 음식을 담거나 먹을 때 편리하다.

2~3일치를 미리 만들어 놓아도 괜찮습니다

채소나 곡물, 치즈 등의 재료는 냉장고에서 며칠 정도는 보존 가능하기 때문에 시간이 있을 때 재료들을 손질한 후 물기를 말끔히 제거하고 미리 2~3일치를 만들어 둔다. 브로콜리, 아스파라거스 등 데쳐야 할 채소들도 밑 손질을 끝낸 후 물기를 제거하고 함께 담거나, 넉넉히 만들어서 따로 용기에 키친타월을 깔고 보관해 두면 편리하다.

들고 나가기 편합니다

자는 밀폐성이 뛰어난 데다 가방에 쏙 들어가는 사이즈여서 들고 나가기 간편하다. 다이어트를 하는 직장 여성들의 도시락이나 가족과 함께 떠나는 피크닉, 때론 포트락 파티를 위한 음식까지 활용법이 무궁무진하다. 여럿이 나눠 먹을 때는 큰 사이즈의 자에 풍성하게 담거나 같은 사이즈의 작은 자 여러 개에 먹기 좋게 나눠 담는다. 게다가 국물 샐 일 없고, 건더기 쏟아질 일 없으니 이보다 좋을 순 없다.

채소, 과일, 고기, 곡물까지 한 병에! 영양 만점입니다

자에 컬러풀한 채소들을 다양하게 담다 보면 당연히 섭취하는 영양소도 풍성해지게 마련. 여기에 채소만으로는 부족하기 쉬운 단백질이나 탄수화물, 칼슘 등을 골고루 섭취하기 위해 고기와 해물, 곡류, 콩 등도 꼼꼼히 챙겨 넣는다.

레시피에 구애받지 말고 좋아하는 재료나 냉장고 속 남은 재료들을 마음껏 활용해도 좋다. 단, 칼로리를 줄이기 위해 고기는 기름기 적은 부위를 고르고, 닭고기는 껍질과 여분의 기름을 제거하는 등 칼로리를 줄일 수 있는 방법을 고민해 본다.

때로는 식사 대신 달콤한 디저트 한 병도 좋습니다

다이어트를 하다 보면 달콤한 디저트의 유혹에서 벗어나기가 쉽지 않다. 하지만 어떻게 시작한 다이어트인데 케이크와 과자의 유혹에 쉽게 넘어갈 수는 없는 일. 이런 경우 점심 한 끼를 자 디저트로 대신해 보는 것은 어떨까. 칼로리가 약간 높더라도 식사 대용이므로 크게 부담을 가질 필요는 없다.

요즘 핫한 카페의 인기 메뉴인 아사이볼이나 달콤한 드레싱을 곁들인 과일샐러드, 손쉽게 만드는 과일푸딩까지 자 디저트로 기분 전환을 해보는 것도 좋을 듯. 자 디저트를 만들 때는 칼로리를 생각해서 350ml 이하의 작은 자를 사용할 것을 권한다.

곡물이나 면은 병의 1/3 정도만 담습니다

다이어트를 위해서라면 곡물이나 면, 파스타 등은 자의 절반 이하나 1/3 정도만 담을 것을 권한다. 또 재료들을 너무 꾹꾹 눌러 담으면 먹는 양이 늘어날 뿐 아니라 드레싱과 골고루 섞이기 어렵기 때문에 어느 정도 여유를 두고 담는다.

재료가 부실하다 싶으면 치즈, 달걀 등을 추가합니다

채소만으로 자 샐러드를 만들면 아무래도 포만감이 떨어지고 쉽게 허기지게 마련이다. 콩이나 고기, 해산물, 곡물 등의 재료가 준비되지 않았거나 부실하다 싶을 때는 치즈나 달걀을 적절히 사용한다. 포만감이 커질 뿐 아니라 샐러드의 맛도 풍성해진다. 단, 치즈는 열량이 높은 편이므로 소량만 사용한다.

채소의 물기는 말끔히 제거합니다

손질한 채소와 재료들은 자에 담기 전 키친타월이나 샐러드 스피너를 이용해서 물기를 충분히 제거한다. 그래야 샐러드를 싱싱하게 오래 보존할 수 있고, 드레싱의 맛도 심심해지지 않는다. 또한 감자나 연근 등 채소를 물에 삶거나 찌는 경우에도 겉에 물기가 남아 있으면 드레싱이 겉돌고 잘 스며들지 않는다. 따라서 모든 재료는 물기를 완전히 제거한 후 자에 담는다.

익힌 재료는 충분히 식힌 후 담습니다

브로콜리나 아스파라거스처럼 데쳐서 사용하는 채소는 물기를 말끔히 제거하고 충분히 식혀서 담는다. 상추, 오이 등 생채소들과 무리 없이 어울려 담을 수 있고 싱싱하게 보관할 수 있기 때문이다. 한군데 담는 재료들은 온도가 같아야 상할 염려가 없다. 전날 미리 데친 후 용기에 키친타월을 깔고 그 위에 얹어서 냉장 보관해 두면 편리하다.

한 컵 샐러드,
이렇게 준비합니다

고기는 기름기를 말끔히 제거한 후 조리합니다

고기는 기름기가 적은 안심이나 닭 가슴살 등을 사용해서 칼로리를 줄인다. 여분의 기름이나 닭 껍질 등은 미리 제거한 후 조리하는 것이 좋고, 굽거나 튀기는 것보다 삶아서 사용하는 것이 칼로리를 낮출 수 있는 방법이다. 기름기를 깔끔하게 제거하면 각종 누린내와 잡내도 줄일 수 있어 일석이조.

면이나 파스타 등은 미리 오일로 버무립니다

익힌 면이나 파스타는 그대로 담을 경우 서로 엉켜 붙거나 불어서 샐러드 맛이 떨어질 수 있다. 따라서 올리브오일이나 참기름, 식용유 등으로 살짝 버무린 후 담는다. 단, 오일을 많이 넣으면 칼로리가 올라갈 수 있으므로 1/2작은술이나 1작은술 정도로 오일 양을 최소한 줄여서 사용한다.

재료는 모두 비슷한 모양과 크기로 손질합니다

재료들은 각각의 모양과 크기를 일정하게 맞춰서 손질하는 것이 담았을 때 예쁘고 담기도 편하다. 또 자른 단면이나 모양, 컬러 등을 염두에 두고 서로 잘 어우러지도록 담는다. 너무 꼭꼭 눌러 담으면 먹는 양이 늘어날 뿐 아니라 나중에 드레싱으로 버무리기도 어려우므로 가장자리 부분부터 단단하게 고정시키고 가운데 부분은 다소 여유를 두면서 담는다.

2

아침에는 건강하게 다이어트 스무디 한 잔!

밖에서는 한 컵 샐러드로 흥이 나는 일품 식사!

한 컵 샐러드,
드레싱이 한 끗입니다

오일과 드레싱 양은 줄이되, 간은 다소 강하게 합니다

샐러드의 칼로리를 낮추기 위해서는 드레싱의 양을 가능하면 줄이는 것이 중요하다. 이를 위해서는 간은 다소 간간하게, 새콤한 맛은 좀 더 풍성하게 맞추면서 오일이나 마요네즈 등의 양은 절반 정도로 줄인다. 그래야 적은 양의 드레싱으로도 마지막까지 맛있게 먹을 수 있다. 단기간에 하는 집중 다이어트를 원한다면 레시피보다 적은 양의 드레싱을 사용해도 좋다.

드레싱 재료는 섞는 비법이 따로 있습니다

드레싱을 만들 때는 먼저 섞이기 쉬운 소금이나 후춧가루, 머스터드 등의 재료들을 볼에 담은 후 식초나 레몬즙, 와인비니거 등을 넣어서 소금을 녹이면서 젓는다. 그런 다음 가장 마지막에 오일을 조금씩 넣어가며 분리되지 않도록 골고루 젓는다.

하지만 드레싱 재료들을 그대로 샐러드에 넣고 버무릴 때는 순서가 바뀐다. 반대로 오일을 가장 먼저 넣고 가볍게 버무려서 재료들을 코팅한 후 소금과 후춧가루를 뿌려 골고루 섞고 마지막에 전체적으로 레몬즙 등을 뿌려서 마무리한다.

책 속의 드레싱 대신 나만의 간단 드레싱도 괜찮습니다

다양한 레시피를 소개하기 위해 이 책에서는 여러 가지 드레싱을 사용했지만, 칼로리는 줄이고 채소의 맛은 충분히 살리려면 오일 약간과 레몬즙, 소금, 후춧가루 정도로 샐러드를 즐겨보는 것도 좋다. 조금 싫증이 난다 싶으면 마늘양파드레싱이나 참깨드레싱 등 다양하게 바꿔볼 것.

3

한 컵 샐러드,
이렇게 담아 먹습니다!

1단계, 드레싱을 제일 먼저 담습니다

자의 맨 아래 부분에 드레싱을 먼저 담는다. 드레싱 재료가 간단하거나 쉽게 섞일 때는 따로 만들 필요 없이 재료를 모두 자에 담고 그대로 섞어도 좋다.

2단계, 수분이 적고 단단한 재료를 담습니다

당근, 연근 등 단단해서 모양이 잘 으스러지지 않고, 수분이 적어서 드레싱의 간이 심심해질 염려가 없는 재료부터 먼저 담는다. 양파나 콩, 곡물 등 미리 맛이 배도록 하고 싶은 재료들을 드레싱 다음으로 담아도 좋다.

3단계, 수분이 많고 부드러운 채소를 담습니다

토마토나 삶은 달걀 등 쉽게 으스러지는 부드러운 재료나 수분이 많은 채소는 단단한 채소 위에 담는다. 채소들은 비슷한 색깔이 겹쳐지지 않도록 컬러를 고려해서 담아야 보기에 화려하고 예쁘다.

4단계, 잎채소나 허브 등을 담습니다

샐러드의 맛을 풍성하게 해주는 양상추나 로메인 등 잎채소와 바질, 민트 등 허브 잎은 맨 위에 담는다. 물기를 완전히 제거한 후 담아야 싱싱하게 오래 보관할 수 있다.

5단계, 보냉제와 보냉 가방을 활용합니다

여름에는 채소들이 쉽게 무를 수 있으므로 적절한 온도를 유지해 주는 것이 중요하다. 완성된 자 샐러드는 밀폐한 후 반드시 냉장 보관하고, 들고 나갈 때는 보냉제와 보냉용 가방을 사용한다.

6단계, 흔들어서 드레싱이 잘 섞이도록 합니다

샐러드는 옆으로 잘 흔들어서 드레싱이 제일 위의 재료에까지 골고루 섞이도록 한 후에 먹는다. 만약 냉장고에 넣어 두어서 드레싱이 조금 굳어졌다면 먹기 전에 실온에 꺼내 잠시 거꾸로 놓아둔다. 그러면 드레싱이 부드러워지면서 골고루 잘 섞인다.

7단계, 별도의 접시나 볼에 담아 먹어도 좋습니다

자 샐러드를 접시에 담아 먹을 때는 제일 위에 얹은 잎채소를 먼저 접시에 가지런히 담는다. 그런 다음 뚜껑을 닫고 잘 흔들어서 소스가 전체적으로 섞이도록 한 후 재료들을 꺼내 보기 좋게 접시에 담는다. 접시에 담은 후 섞어 먹어도 좋다.

4

한 컵 식사에서는 드레싱을 골라 먹는 재미가 있습니다!

드레싱에 따라서 맛이 확 달라지니 말입니다!

어떤 맛이 좋겠습니까? 매콤이? 담백이? 깔끔이? 새콤이? 마음대로 고르십시오!

2

디톡스 하거나, 다이어트 하거나!
그린그린한 샐러드입니다

※ 1작은술은 5cc, 1큰술은 15cc, 1컵은 200㎖입니다.
※레시피는 500㎖ 자(jar) 1개 분량입니다.
※재료의 칼로리는 레시피 분량에 따라 계산한 것입니다.

그린샐러드

<u>252kcal</u>

이런 재료를 준비합니다

브로콜리 · 컬리플라워
1/5송이씩
아스파라거스 4개
그린빈 5개, 양파 1/4개
양상추 등 잎채소 약간
완두콩 40g, 소금 약간
레몬프렌치드레싱
올리브오일 1큰술
레몬즙 2작은술
머스터드 2/3작은술
소금 1/4작은술
후춧가루 약간

1 브로콜리와 컬리플라워는 작게 송이를
 나누고, 아스파라거스는 필러로 단단한
 밑 부분의 껍질을 벗겨낸 후 먹기 좋게
 3~4등분한다. 그린빈은 양쪽 끝을 다듬는다.

2 양파는 결과 반대 방향으로 얇게 저며
 썬 후 물에 담갔다가 건져 키친 페이퍼로 물기를
 닦는다. 양상추 등 잎채소는 깨끗이
 씻어서 물기를 닦고 한입 크기로 썬다.

3 끓는 물에 소금을 조금 넣고 준비한 그린빈과
 완두콩을 넣고 2분 정도 데치고, 브로콜리와
 컬리플라워, 아스파라거스도 함께 넣어서
 1분 정도 데친 후 차가운 물에 식혀서
 물기를 말끔히 뺀다. 그린빈은 먹기 좋게
 2~3등분한다.

4 볼에 드레싱 재료를 전부 담아서 골고루
 섞는다. 이때 올리브오일은 가장 나중에
 넣는다.

5 자에 ④와 양파 채를 담은 후 준비한
 아스파라거스와 그린빈, 완두콩,
 브로콜리, 컬리플라워를 보기 좋게 담고
 잎채소를 얹는다.

양상추

완두콩과 갖은 채소들

레몬프렌치드레싱

닭가슴살채소샐러드

무순

적양배추

셀러리

당근

오이

닭 가슴살

참깨드레싱

254kcal

1 닭 가슴살은 소금과 후춧가루를 앞뒤로 살짝 뿌려서 간이 배도록 조물조물한 후
   냄비에 담고 굵은 파 잎과 청주 약간, 물을 잠길 정도로 붓고 끓인다. 생강 등을 함께
   넣고 삶아도 좋다. 한소끔 끓으면 약한 불에서 은근하게 7~8분 정도 익힌 후 불을 끄고
   그대로 식히면서 좀 더 익힌다. 물기를 닦고 먹기 좋게 결대로 찢어 놓는다.

2 오이는 소금으로 문질러 씻은 후 채 썰고, 셀러리는 질긴 섬유질 부분을 잡아당겨
   벗긴 후 오이와 비슷한 길이로 채 썬다.

3 당근은 껍질을 벗긴 후 오이와 비슷한 길이로 채 썰고, 적양배추는 굵은 심 부분을
   저며낸 후 다른 채소와 비슷한 길이로 채 썬다. 무순은 뿌리를 자르고 씻어서 물기를
   말끔히 뺀다.

4 통깨는 분마기에 곱게 간 후 나머지 드레싱 재료를 함께 넣어서 골고루 섞는다.

5 자에 ④를 담고 닭 가슴살, 오이, 당근, 셀러리, 적양배추, 무순 순으로 담는다.

오늘은 해초 한번 먹어 볼까요 ?

상추 종류의 잎채소

생식용 두부

방울토마토

마

노란 파프리카

모둠 해초

마늘양파드레싱

두부해초샐러드

이런 재료를 준비합니다

생식용 두부 100g
모둠 해초(염장) 40g, 마 4cm
노란 파프리카 1/4개
방울토마토 4개
상추(잎채소) · 소금 약간씩
마늘양파드레싱
다진 양파 · 식초 1큰술씩
올리브오일 1/2큰술
간장 2작은술
다진 마늘 ·
설탕 1/2 작은술씩
소금 · 후춧가루 약간씩

1 두부는 키친페이퍼로 감싸서 물기를 제거한 후
  깍둑썰기 하고 다시 키친페이퍼에 얹어 둔다.

2 해초는 염장의 경우 물에 여러 번 씻은 다음
  물에 담가 소금기를 없애고 물기를 말끔히 뺀다.
  마는 껍질을 벗긴 후 먹기 좋게 납작썰기 한다.

3 파프리카는 꼭지를 자르고 속 씨를 제거한 후
  먹기 좋게 채 썰고, 방울토마토는 꼭지를 떼고
  반으로 썬다. 상추는 깨끗이 씻은 후 물기를 닦고
  한입 크기로 자른다.

4 볼에 드레싱 재료를 전부 담아서 골고루 섞는다.
  이때 올리브오일은 가장 나중에 넣는다.

5 자에 ④를 담고 해초, 파프리카, 마, 방울토마토,
  두부, 상추 순으로 담는다. 두부는 그냥 먹어도
  맛있지만 으깨면서 다른 재료들과 섞어 먹어도
  고소하고 맛있다.

로메인

베이컨

바게트 빵

파르메산치즈

방울토마토

시저드레싱

시저샐러드   390kcal

1 로메인은 깨끗이 씻어서 물기를
　닦고 한입 크기로 자른다. 방울토마토는
　꼭지를 떼고 반으로 썬다.

2 바게트 빵은 토스터나 팬에
　갈색빛이 돌도록 앞뒤로 바삭하게
　구운 후 한입 크기로 나눈다.

3 베이컨은 작게 썰어서 마른 팬에
　바삭하게 구운 후 키친페이퍼로
　기름을 닦는다. 파르메산치즈는
　먹기 좋게 얇게 저며 썬다.

4 드레싱 재료는 한데 담아서 골고루
　섞는다. 이때 올리브오일은 가장
　나중에 넣는다.

5 자에 ④를 담고 방울토마토,
　파르메산치즈, 바게트 빵, 베이컨,
　로메인 순으로 얹는다.

tomato
paprika
cucumber
shrimp
avocado

보기만 해도 벌써 몸이 맑아지는 것 같은 이런 재료들 좋지 뭐예요

어린잎 채소

메추리알

아보카도

토마토

노란 파프리카

칵테일 새우

오이

사우전드아일랜드 드레싱

콥샐러드

301kcal

1 칵테일 새우는 끓는 물에 청주를 조금 넣고 살짝
  데친 후 찬물에 식혀 물기를 뺀다. 메추리알은 삶아서
  껍질을 벗긴 후 반으로 썬다.

2 토마토는 꼭지를 자르고 깍둑썰기 하고, 오이는
  소금으로 문질러 씻은 후 토마토와 비슷한 크기로
  썬다. 파프리카는 꼭지를 자르고 속 씨를 제거한 후
  다른 재료와 비슷한 크기로 썬다.

3 아보카도는 길게 빙 둘러가며 칼집을 내고 비틀어서
  반으로 썬 후 속 씨를 제거한다. 다른 재료들과
  비슷한 크기로 썬 다음 레몬즙을 뿌려 갈변을 막는다.
  어린잎 채소는 깨끗이 씻어서 물기를 말끔히 뺀다.

4 볼에 드레싱 재료를 전부 넣고 골고루 섞는다.

5 자에 ④를 담고 오이, 칵테일 새우, 파프리카, 토마토,
  아보카도, 삶은 메추리알, 어린잎 채소 순으로 담는다.

이런 재료를 준비합니다

칵테일 새우(냉동) 5마리
메추리알 5개
토마토 1/2개, 오이 1/3개
노란 파프리카 ·
아보카도 1/4개씩
어린잎 채소 · 소금 ·
레몬즙 · 청주 약간씩

사우전드아일랜드 드레싱

마요네즈(하프 칼로리)
1큰술
무가당 플레인 요구르트 ·
다진 양파 1/2큰술씩
토마토케첩 1작은술
소금 · 후춧가루 약간씩

찐채소샐러드

382kcal

이런 재료를 준비합니다

알감자 3개, 연근 40g
단호박 60g, 브로콜리 ·
컬리플라워 1/5개씩
아스파라거스 2개
식초 약간
발사믹머스터드드레싱
올리브오일 1큰술
발사믹 식초 2작은술
홀그레인 머스터드
2/3작은술, 꿀 1/2작은술
소금 1/4작은술
후춧가루 약간

1 알감자는 껍질째 깨끗이 씻어서 반으로 썬다.
  연근은 껍질을 벗기고 한입 크기로 도톰하게 썰어서
  식초 물에 잠시 담가 두었다가 헹군다. 단호박은
  속 씨를 제거하고 다른 채소들과 비슷한 크기로 썬다.
2 브로콜리와 컬리플라워는 한입 크기로 작게 송이를
  나눈다. 아스파라거스는 필러로 단단한 밑 부분의
  껍질을 벗겨낸 후 3~4등분한다.
3 김 오른 찜통에 준비한 재료들을 가지런히 얹은 후
  브로콜리와 컬리플라워, 아스파라거스는 2~3분,
  단호박은 6~7분, 감자와 연근은 18~20분 정도 찌면서
  차례로 꺼내 충분히 식힌다. 중간에 꼬치로 찔러 봐서
  익은 정도를 확인하고 꺼낸다.
4 볼에 드레싱 재료를 전부 넣고 골고루 섞는다.
  이때 올리브오일은 가장 나중에 넣는다.
5 자에 ④를 담고 찐 채소들을 보기 좋게 섞어서 담는다.

브로콜리와 컬리플라워

단호박

연근

알감자

아스파라거스

발사믹머스터드드레싱

물을 부어 불립니다

이제 콩 먹을 겁니다

1 병아리콩은 하룻밤 정도 물에 불려두었다가 소금을 약간 넣고 20분쯤
  삶아서 찬물에 헹군 후 물기를 뺀다.

2 오이는 소금으로 문질러 씻은 후 반으로 갈라 납작썰기 하고,
  콜라비도 껍질을 벗기고 오이와 비슷한 크기로 썬다.
  파프리카는 꼭지를 떼고 속 씨를 제거한 후 채 썬다.

3 컬리플라워는 작게 송이를 나눠서 끓는 물에 소금을 조금 넣고
  아삭하게 데친 후 찬물에 식혀서 물기를 뺀다. 꽃송이상추 등
  잎채소는 깨끗이 씻어서 물기를 닦고 한입 크기로 썬다.

4 볼에 드레싱 재료를 전부 넣고 골고루 섞는다.
  이때 올리브오일은 가장 나중에 넣는다.

5 자에 ④를 담고 병아리콩, 오이, 콜라비, 파프리카, 컬리플라워,
  잎채소 순으로 담는다.

병아리콩채소샐러드

227kcal

꽃송이상추

컬리플라워

빨간 파프리카

콜라비

오이

병아리콩

프렌치드레싱

치커리

깻잎

상추

도토리묵

양파

오이

도토리묵채소샐러드

이런 재료를 준비합니다

도토리묵 120g, 오이 1/3개
양파 1/4개, 깻잎 ·
상추 2장씩
치커리 · 소금 약간씩
초간장드레싱
간장 2작은술
식초 · 설탕 · 참기름
1작은술씩
고운 고춧가루 · 통깨 ·
다진 마늘 1/2작은술씩

174kcal

1 도토리묵은 먹기 좋게 한입 크기로
  납작하게 썰고, 오이는 소금으로
  문질러 씻은 후 반으로 길게 잘라
  어슷하게 썬다.

2 양파는 얇게 채 썰어 물에 담갔다
  건져서 물기를 뺀다. 깻잎은 깨끗이
  씻은 후 물기를 닦고 굵게 채 썰고,
  상추와 치커리도 물기를 빼고
  한입 크기로 썬다.

3 드레싱 재료는 한데 담아서 골고루
  섞는다.

4 자에 ③을 담고 오이, 양파, 도토리묵,
  상추, 깻잎, 치커리 순으로 담는다.

저칼로리 식사에서는 퀴노아가 빠질 수 없으니까요

QUINOA

어린잎 채소

노란 파프리카

셀러리

적양파

당근

퀴노아

발사믹머스터드드레싱

293kcal

퀴노아채소샐러드

1 퀴노아는 끓는 물에 12~13분 정도 삶은 후 찬물에
　헹궈 물기를 말끔히 제거하고 올리브오일 1작은술을
　넣어 버무린다.

2 파프리카는 꼭지를 떼고 속 씨를 제거한 후 채 썰고,
　셀러리는 질긴 섬유질 부분을 잡아당겨 벗긴 후
　파프리카와 비슷한 크기로 채 썬다.

3 적양파는 결과 반대 방향으로 얇게 채 썬 후 물에
　담갔다가 건져 물기를 말끔히 닦는다. 당근은 껍질을
　벗기고 가늘게 채 썰고, 어린잎 채소는 깨끗이 씻어서
　물기를 말끔히 제거한다.

4 볼에 드레싱 재료를 모두 넣고 골고루 섞는다.
　이때 올리브오일은 가장 나중에 넣는다.

5 자에 ④를 담고 퀴노아, 당근, 적양파, 셀러리,
　파프리카, 어린잎 채소 순으로 담는다.

아삭이 상추

그린빈

셀러리

노란 파프리카

빨간 파프리카

오이

납작보리

레몬프렌치드레싱

278kcal

이런 재료를 준비합니다

납작보리 30g
올리브오일 1작은술
오이 1/3개
셀러리 1/3대
파프리카(빨강 · 노랑)
1/4개씩
그린빈 5개
아삭이 상추 등 잎채소 2장
소금 약간
레몬프렌치드레싱
올리브오일 1큰술
레몬즙 2작은술
머스터드 2/3작은술
소금 1/4작은술
후춧가루 약간

보리채소샐러드

1 납작보리는 끓는 물에 13~15분 정도 삶은 후 찬물에 헹궈 물기를 말끔히 빼고
   올리브오일 1작은술을 넣어 버무린다.

2 오이는 소금으로 문질러 씻은 후 동글게 썰고, 셀러리는 질긴 섬유질 부분을 잡아당겨
   벗긴 후 어슷하게 썬다. 파프리카는 꼭지를 떼고 속 씨를 제거한 후 얇게 채 썬다.

3 그린빈은 양쪽 끝을 다듬은 후 소금을 넣은 끓는 물에 아삭하게 데쳐서 찬물에
   식히고 물기를 말끔히 닦아 2~3등분한다. 아삭이 상추 등 잎채소는 깨끗이 씻어서
   물기를 제거한 후 한입 크기로 썬다.

4 드레싱 재료는 한데 담아서 골고루 섞는다. 이때 올리브오일은 가장 나중에 넣는다.

5 자에 ④를 담고 납작보리, 오이, 파프리카, 셀러리, 그린빈, 잎채소 순으로 담는다.

LA PETITE EPICERIE

ile
olive
erge
xtra

né Taggiasca

25cl e

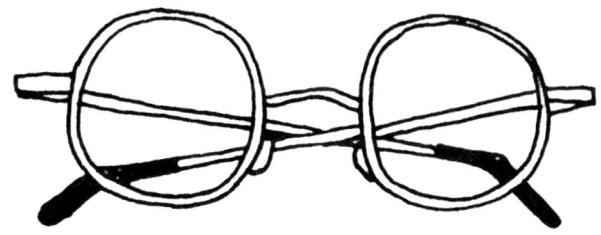

3

칼로리 낮추고, 근육 키우고!
단백질 강화 샐러드입니다

※ 1작은술은 5cc, 1큰술은 15cc, 1컵은 200㎖입니다.
※레시피는 500㎖ 자(jar) 1개 분량입니다.
※재료의 칼로리는 레시피 분량에 따라 계산한 것입니다.

참치 렌틸콩 샐러드

참치렌틸콩샐러드

이런 재료를 준비합니다

참치 통조림(작은 것)
2/3 분량, 렌틸콩 30g
적양파 1/4개
토마토 1/2개, 오이 1/3개
치커리·소금 약간씩
마요네즈간장드레싱
마요네즈(하프 칼로리)·
무가당 플레인 요구르트
1큰술씩
간장 1/2작은술
소금·후춧가루 약간씩

289kcal

<u>1</u> 참치는 체에 담아 기름기를 뺀다.

<u>2</u> 렌틸콩은 3배 정도의 물을 부어 끓이다가 한소끔 끓으면 불을 줄이고
　12~15분 정도 더 삶아서 찬물에 식힌 후 물기를 말끔히 뺀다.

<u>3</u> 적양파는 작게 썰어서 찬물에 담갔다 건져서 물기를 말끔히 뺀다.
　토마토는 적양파와 비슷한 크기로 썰고, 오이는 소금으로 문질러 씻은 후
　다른 재료들과 비슷한 크기로 썬다. 치커리는 깨끗이 씻은 후 물기를
　제거하고 작게 썬다.

<u>4</u> 볼에 드레싱 재료를 한데 담아서 골고루 섞는다.

<u>5</u> ④에 치커리를 제외한 재료들을 모두 담아서 골고루 섞은 후 자에 담고
　치커리를 얹는다. 또는 자에 ④를 담고 재료들을 보기 좋게 층층이 얹어도 좋다.

브로콜리

당근

무

청경채

쇠고기

참깨드레싱

샤브샤브샐러드

이런 재료를 준비합니다

무 80g, 당근 1/2개
청경채 2포기
브로콜리 1/4개
쇠고기(샤브샤브용) 80g
소금 · 청주 약간씩
참깨드레싱
통깨 1/2큰술
간장 2작은술
식초 · 설탕 · 참기름
1작은술씩
다진 마늘 1/3작은술
소금 · 후춧가루 약간씩

292kcal

1 무와 당근은 껍질을 벗기고 필러로 얇게 저미듯이
  썰어서 적당한 길이로 자른다. 청경채는
  십자 모양으로 4등분하고, 브로콜리는 작게
  송이를 나눈다.
2 쇠고기는 한 장씩 떼어서 끓는 물에 청주를 약간
  넣고 색깔이 변할 정도로만 데친다. 얼음물에
  담가 식힌 후 물기를 빼고 먹기 좋게 썬다.
3 무와 당근, 청경채, 브로콜리는 끓는 물에 소금을
  약간 넣고 아삭하게 살짝 데친 후 ②의 얼음물에
  담가 식혀서 물기를 뺀다.
4 통깨는 분마기에 곱게 간 후 나머지 재료를 모두
  넣고 골고루 섞어서 참깨드레싱을 만든다.
5 자에 ④를 담고 데친 쇠고기, 청경채, 무, 당근,
  브로콜리 순으로 담는다.

치커리

상추

리코타치즈

백만송이버섯

양송이버섯

새송이버섯

발사믹드레싱

버섯채소샐러드

이런 재료를 준비합니다

새송이버섯 1개
백만송이버섯 50g
양송이버섯 3개
마늘 2쪽, 상추 2장
치커리 약간
올리브오일 1큰술
간장 1/3작은술
소금·후춧가루 약간씩
리코타치즈 40g
발사믹드레싱
발사믹 식초·
올리브오일 1큰술씩
꿀 1/3작은술
소금·후춧가루 약간씩

318kcal

1 새송이버섯은 밑동을 자르고 길이로 반으로 잘라서
  다시 반으로 썬 후 저며 썰고, 백만송이버섯은 밑동을
  자르고 작게 나눈다. 양송이버섯은 지저분한
  밑동 부분을 자른 후 반으로 썬다.

2 마늘은 얇게 저며 썰고, 상추와 치커리는 깨끗이
  씻어서 물기를 뺀 후 한입 크기로 썬다.

3 달군 팬에 올리브오일을 두르고 마늘을 넣고 볶다가
  갈색빛이 돌면서 향이 나면 준비한 버섯을 모두 넣고
  충분히 볶으면서 간장과 소금, 후춧가루로 심심하게
  간을 한다. 접시에 넓게 펴 담아서 충분히 식힌다.

4 볼에 드레싱 재료를 모두 담아서 골고루 섞는다.
  이때 올리브오일은 가장 나중에 넣는다.

5 자에 ④를 담고 볶은 버섯, 리코타치즈, 상추와
  치커리 순으로 담는다.

스테이크구운채소샐러드

352kcal

이런 재료를 준비합니다

쇠고기(안심 스테이크용)
80g, 가지 · 양파 1/2개씩
주키니 · 단호박 50g씩
노란 파프리카 1/3개
어린잎 채소 · 소금 ·
후춧가루 · 식용유 약간씩
발사믹머스터드드레싱
올리브오일 1큰술
발사믹 식초 2작은술
홀그레인 머스터드
2/3작은술, 꿀 1/2작은술
소금 1/4작은술
후춧가루 약간

어린잎 채소

노란 파프리카

주키니

쇠고기스테이크

가지

양파

발사믹머스터드드레싱

스테이크구운채소샐러드

1 스테이크용 고기는 실온에 미리 꺼내 키친페이퍼로
  핏물을 제거한 후 앞뒤로 소금과 후춧가루를 살짝 뿌린다.
  달군 그릴 팬에 기름을 살짝 두르고 센 불에서 양면의
  색이 갈색빛이 돌도록 굽는다. 도톰한 스테이크의 경우
  양면을 익힌 후 불을 끄고 뚜껑을 덮은 채 3~5분 정도
  그대로 둔다. 먹기 좋게 한입 크기로 썬 후 식힌다.

2 가지와 주키니는 꼭지를 자르고 길게 저며 썬다.
  단호박은 속 씨를 제거하고 모양대로 도톰하게 저며 썬다.
  그런 다음 내열 용기에 담아 물 2작은술 정도를 뿌리고
  느슨하게 랩을 씌워 1분 정도 전자레인지에 미리 살짝
  익혀 두면 굽는 시간을 절약할 수 있다.

3 양파는 모양대로 동글게 도톰하게 썰고, 파프리카는
  꼭지를 떼고 속 씨를 제거한 후 굵게 채 썬다.
  어린잎 채소는 물에 씻어서 물기를 말끔히 뺀다.

4 달군 팬에 기름을 살짝 두른 후 준비한 가지와 단호박,
  주키니, 양파, 파프리카를 함께 구우면서 소금과
  후춧가루로 심심하게 밑간을 한 후 접시에 넓게
  펴 담아 식힌다.

5 드레싱 재료는 한데 담아서 골고루 섞는다.
  이때 올리브오일은 가장 나중에 넣는다.

6 자에 ⑤를 담고 구운 양파와 가지, 단호박, 쇠고기스테이크,
  주키니, 파프리카 순으로 담은 후 어린잎 채소를 얹는다.
  채소는 기호에 따라 가감하거나 고구마, 감자 등
  좋아하는 것을 사용해도 괜찮다.

양상추

훈제 연어

아보카도

훈제 연어

셀러리

적양파

와인비니거드레싱

훈제연어샐러드

246kcal

이런 재료를 준비합니다

훈제 연어 80g
적양파 1/4개
셀러리 1/3대
아보카도 1/4개
양상추 2장, 레몬즙 약간
와인비니거드레싱
화이트와인비니거 ·
올리브오일 1큰술씩
케이퍼 1/2큰술
소금 · 후춧가루 약간씩

1 훈제 연어는 반으로 썬다. 적양파는 결과
　반대 방향으로 얇게 저며 썰어 물에 담갔다
　건져서 물기를 뺀다. 셀러리는 질긴
　섬유질 부분을 잡아당겨 벗긴 후
　4cm 길이로 토막 내어 얇게 저며 썬다.

2 아보카도는 길게 빙 둘러가며 칼집을
　내고 비틀어서 반으로 썬 후 속 씨를
　제거하고 얇게 저며 썰어서 레몬즙을 뿌려
　갈변을 막는다. 양상추는 깨끗이 씻어서
　물기를 빼고 한입 크기로 나눈다.

3 드레싱 재료는 케이퍼를 제외하고 한데
　담아 골고루 섞은 후 마지막에
　케이퍼를 넣는다.

4 자에 ③을 담고 적양파, 셀러리,
　훈제 연어 반 분량, 아보카도,
　훈제 연어 반 분량, 양상추 순으로 담는다.

루콜라

아보카도

모차렐라치즈

토마토

양파

파슬리바질드레싱

353kcal

토마토치즈아보카도샐러드

이런 재료를 준비합니다

토마토 1/2개
모차렐라치즈 50g
아보카도 · 양파 1/4개씩
루콜라 · 레몬즙 약간씩
파슬리바질드레싱
올리브유 1⅓큰술
다진 파슬리 1작은술
바질 잎 3장
케이퍼 1/2작은술
머스터드 · 다진 앤초비
1/3작은술씩
소금 · 후춧가루 약간씩

1 토마토는 모양대로 저며 썰고, 모차렐라치즈도
   큼직하게 저며 썬다.
2 아보카도는 길게 빙 둘러가며 칼집을 내고 비틀어서
   반으로 썬 후 속 씨를 제거하고 얇게 저며 썰어서
   레몬즙을 뿌려 갈변을 막는다. 양파는 결과 반대 방향으로
   얇게 저며 썬 후 물에 담갔다 건져서 물기를 말끔히 뺀다.
   루콜라는 깨끗이 씻어서 물기를 빼고 먹기 좋게 썬다.
3 바질 잎과 케이퍼는 잘게 다진 후 다진 파슬리와 나머지
   재료들을 한데 섞어서 드레싱을 만든다.
   한 번에 많은 양을 만들 때는 파슬리와 바질 등 나머지
   재료들을 푸드 프로세서로 곱게 간 후 마지막에
   올리브오일을 조금씩 넣으면서 골고루 섞는다.
4 자에 ③을 담고 양파, 토마토, 모차렐라치즈, 아보카도,
   루콜라 순으로 담는다.

4

면을 넣거나, 밥을 담거나!
한 끼 식사로 충분한 샐러드입니다

※ 1작은술은 5cc, 1큰술은 15cc, 1컵은 200㎖입니다.
※레시피는 500㎖ 자(jar) 1개 분량입니다.
※재료의 칼로리는 레시피 분량에 따라 계산한 것입니다.

밥 따로 반찬 따로 정말 번거롭죠

도시락으로 싸자면 성가시잖아요

딱 한 컵으로 끝내면 딱 좋아요

어린잎 채소

양송이버섯

블랙 올리브

모차렐라 치즈

브로콜리

펜네 파스타

토마토소스

펜네 토마토 소스 샐러드

405kcal

이런 재료를 준비합니다

펜네 파스타 30g
올리브오일 1작은술
브로콜리 1/4송이
어린잎 채소 약간
양송이버섯 2개
모차렐라치즈 40g
블랙 올리브 4개, 소금 약간
토마토소스
올리브오일 · 다진 양파 ·
다진 셀러리 1큰술씩
다진 마늘 1작은술
홀토마토 통조림(작은 것)
1/3 분량
소금 · 후춧가루 약간씩

1 펜네 파스타는 끓는 물에 소금을 약간 넣고 봉지에 표시된 시간보다 30초~1분 정도 더 삶는다. 찬물에 식혀 물기를 빼고 올리브오일 1작은술을 넣어 골고루 버무린다.

2 브로콜리는 작게 송이를 나눠서 파스타를 삶을 때 함께 넣고 아삭하게 1분 정도 데친 후 찬물에 식혀 물기를 뺀다. 어린잎 채소는 깨끗이 씻어서 물기를 말끔히 제거한다.

3 양송이버섯은 밑동의 지저분한 부분을 잘라낸 후 키친타월로 살살 닦고 모양대로 저며 썬다. 모차렐라치즈는 작게 썰고, 블랙 올리브는 반으로 썬다.

4 달군 팬에 올리브오일을 두르고 다진 양파와 마늘, 셀러리를 넣고 볶다가 토마토통조림을 넣고 주걱으로 으깨면서 볶는다. 국물이 반 정도로 졸아들 때까지 중약불에서 끓이다가 소금과 후춧가루로 간간하게 간을 한다.

5 자에 ④를 담고 펜네 파스타, 브로콜리, 모차렐라치즈, 블랙 올리브, 양송이버섯, 어린잎 채소 순으로 담는다.

향채

새싹채소

적양배추

칵테일 새우

쌀국수

청경채

숙주

쌀국수샐러드

199kcal

쌀국수샐러드

이런 재료를 준비합니다

쌀국수 30g

참기름 1/2작은술

청경채 2포기, 숙주 70g

적양배추 1장

새싹채소 · 향채 약간씩

칵테일 새우(냉동) 5마리

소금 · 후춧가루 ·

청주 약간씩

칠리피시소스

칠리소스 1큰술

꿀 · 레몬즙 1/2큰술씩

피시소스 2작은술

다진 마늘 2/3작은술

소금 약간

1 쌀국수는 물에 30분 정도 담가 두었다가 뜨거운 물을 붓고 30초 정도 더 둔다.
 찬물에 헹궈서 물기를 완전히 빼고 적당한 길이로 썰어서 참기름을 넣고 버무린다.

2 청경채는 십자 모양으로 4등분하고, 숙주는 지저분한 꼬리 부분을 다듬는다.
 적양배추는 굵은 심 부분을 저며낸 후 가늘게 채 썰고, 새싹채소는 씻어서 물기를 말끔히
 뺀다. 향채는 다듬어 씻어서 먹기 좋게 자른다. 향채는 기호에 따라 넣지 않아도 좋다.

3 칵테일 새우는 끓는 물에 청주를 조금 넣고 살짝 데친 후 찬물에 식혀 물기를 뺀다.

4 끓는 물에 소금을 약간 넣고 청경채와 숙주를 각각 아삭하게 데친 후 찬물에
 식혀 물기를 뺀다.

5 볼에 드레싱 재료를 모두 담아서 골고루 섞는다.

6 자에 ⑤를 담고 숙주, 청경채, 쌀국수, 칵테일 새우, 적양배추, 새싹채소, 향채 순으로 담는다.

로메인

방울토마토

올리브

모차렐라치즈

아스파라거스

푸실리 파스타

앤초비드레싱

이런 재료를 준비합니다

푸실리 파스타 30g
올리브오일 1작은술
아스파라거스 3개
모차렐라치즈 40g
올리브 4개
방울토마토 5개
로메인 2장, 소금 약간
앤초비드레싱
올리브오일 1큰술
다진 앤초비 · 화이트와인
비니거 1작은술씩
다진 마늘 1/2작은술
소금 · 후춧가루 약간씩

1 푸실리 파스타는 끓는 물에 소금을 약간 넣고 봉지에
  표시된 시간보다 30초~1분 정도 더 삶는다.
  찬물에 식혀 물기를 말끔히 뺀 후 올리브오일 1작은술을
  넣어 골고루 버무린다.

2 아스파라거스는 필러로 단단한 밑 부분의 껍질을
  벗겨낸 후 먹기 좋게 3~4등분한다. 파스타를 삶을 때
  함께 넣어 아삭하게 데친 후 찬물에 식혀 물기를 뺀다.

3 모차렐라치즈는 작게 주사위 모양으로 썰고,
  올리브는 반으로 썬다. 방울토마토는 꼭지를 떼고
  반으로 썰고, 로메인은 깨끗이 씻어서 물기를 빼고
  먹기 좋게 자른다.

4 볼에 드레싱 재료를 모두 담아서 골고루 섞는다.
  이때 올리브오일은 가장 나중에 넣는다.

5 자에 ④를 담고 푸실리 파스타, 아스파라거스,
  모차렐라치즈, 올리브, 방울토마토, 로메인 순으로
  담는다.

384kcal

쿠스쿠스믹스콩샐러드

이런 재료를 준비합니다

쿠스쿠스 45g, 믹스 콩 30g
올리브오일 1작은술
오이 · 토마토 1/2개씩
적양파 1/4개
파프리카 1/3개
민트, 파슬리 등 허브 잎 ·
소금 약간씩
레몬드레싱
레몬즙 · 올리브오일
1큰술씩, 소금 1/4작은술
후춧가루 약간

1 쿠스쿠스는 끓는 물 3큰술에 소금을 약간 넣고 분량대로
 넣은 후 골고루 젓는다. 뚜껑을 덮고 5~6분 정도 두었다가
 덩어리가 지지 않도록 올리브오일을 넣고 골고루 풀면서 섞는다.

2 믹스 콩은 물에 소금을 넣고 7~10분 정도 삶아서 찬물에
 식힌 후 물기를 말끔히 뺀다. 오이는 소금으로 문질러 씻은 후
 작게 주사위 모양으로 썰고, 적양파도 작게 썰어서 물에 담갔다
 건져서 물기를 말끔히 뺀다.

3 토마토는 꼭지를 떼고 작게 썰고, 파프리카는 꼭지를 떼고
 속 씨를 제거한 후 다른 재료들과 비슷한 크기로 썬다.
 민트나 파슬리 등 허브 잎은 작게 다지듯이 썬다.

4 소스 재료는 한데 담아서 골고루 섞는다. 이때 올리브오일은
 가장 나중에 넣는다.

5 자에 ④를 담고 쿠스쿠스, 믹스 콩, 오이, 파프리카, 적양파,
 토마토, 허브 잎 순으로 담는다. 혹은 재료들을
 전부 섞어서 담아도 좋다.

399kcal

허브 잎

토마토

적양파

파프리카

오이

믹스 콩

쿠스쿠스

레몬드레싱

※쿠스쿠스는 제일 작은 파스타의 일종으로, 쫀득한 식감 때문에 조금만
먹어도 포만감을 느낄 수 있다. 북아프리카에서 처음 먹기 시작했으며
프랑스에서 꽤 인기를 끌고 있는 식재료 중 하나다. 온라인 수입 식재료 몰이나
백화점 식품 매장 등에서 구입할 수 있다.

밥 먹듯 한 숟가락씩 푹푹 떠서 콩을 씹으면 내 몸에게 잘해 주는 기분이 들어요

재료 준비만 해도 벌써 든든한 기분

이런 걸 어디 가서 사먹나요?

하루 한 컵으로 해결하세요

1 마카로니는 끓는 물에 소금을 조금 넣고 봉지에 표시되어 있는
   시간보다 30초~1분 정도 더 삶는다. 찬물에 식혀 물기를
   말끔히 빼고 올리브오일 1작은술을 넣어 골고루 버무린다.

2 브로콜리와 컬리플라워는 작게 송이를 나눠서 마카로니를
   삶을 때 함께 넣고 1분 정도 아삭하게 데쳐 찬물에 식힌 후
   물기를 말끔히 뺀다.

3 오이는 소금으로 문질러 씻은 후 작게 깍둑썰기 하고,
   양파는 오이와 비슷한 크기로 썬 후 물에 담갔다 건져서
   물기를 말끔히 뺀다.

4 달걀은 삶아서 껍질을 벗긴 후 8등분한다.

5 드레싱 재료는 한데 담아서 골고루 섞는다.

6 ⑤에 달걀을 제외한 재료들을 모두 넣고 골고루 버무린 후
   마지막에 달걀을 넣고 다시 살살 섞어서 자에 담는다. 혹은 자에
   드레싱을 먼저 담고 양파, 오이, 마카로니, 브로콜리, 컬리플라워,
   달걀 순으로 담는다.

마카로니샐러드

399kcal

이런 재료를 준비합니다

마카로니 30g
올리브오일 1작은술
브로콜리 · 컬리플라워
1/5송이씩, 오이 1/3개
양파 1/4개, 달걀 1개
소금 약간
마요머스터드드레싱
마요네즈 1큰술
플레인요구르트 1/2큰술
머스터드 1/2작은술
꿀 1/3작은술
소금 · 후춧가루 약간씩

VEGETABLES
FRESH FRUITS
FRESH

중국식 냉라면샐러드

양상추

토마토

오이

슬라이스 햄

청경채

중국 면

참깨피넛버터드레싱

1 중국 면은 봉지에 표시되어 있는 시간대로 삶아서 찬물에 헹군다.
  물기를 말끔히 빼고 적당한 길이로 잘라 참기름으로 버무린다.

2 청경채는 십자 모양으로 4등분한 후 끓는 물에 소금을 조금 넣고
  아삭하게 데쳐서 찬물에 식힌 후 물기를 말끔히 뺀다.

3 햄은 굵게 채 썰고, 오이는 소금으로 문질러 씻은 후 반으로
  갈라 어슷하게 썬다. 토마토는 꼭지를 떼고 큼직하게 썰고,
  양상추는 물기를 빼고 먹기 좋게 나눈다.

4 참깨는 분마기에 곱게 간 후 나머지 드레싱 재료들을 모두 넣고
  골고루 섞는다.

5 자에 ④를 담고 중국 면, 청경채, 햄, 오이, 토마토, 양상추 순으로
  담는다.

300kcal

실곤약매콤샐러드

새싹채소

적양배추

오이

당근

콩나물

실곤약

초고추장드레싱

이런 재료를 준비합니다

실곤약 80g
참기름 1/2작은술
콩나물 50g, 오이 1/3개
당근 1/4개, 적양배추 1장
새싹채소 · 소금 약간씩
초고추장드레싱
간장 1/2큰술
양파즙 2작은술
고추장 · 식초 1작은술씩
고춧가루 · 올리고당 ·
설탕 · 다진 마늘 · 통깨 ·
참기름 1/2작은술씩

1 실곤약은 끓는 물에 살짝 넣었다 건져서 찬물에 여러 번 헹군다.
  물기를 말끔히 빼고 먹기 좋게 잘라 참기름으로 버무린다.

2 콩나물은 소금을 조금 넣고 아삭하게 데쳐서 찬물에 식힌 후
  물기를 뺀다.

3 오이는 소금으로 문질러 씻은 후 채 썰고, 당근도 껍질을 벗기고
  오이와 비슷한 길이로 채 썬다. 적양배추는 굵은 심 부분을 저며낸 후
  채 썰고, 새싹채소는 물에 씻어서 물기를 말끔히 뺀다.

4 드레싱 재료는 한데 담아서 골고루 섞는다.

5 자에 ④를 담고, 실곤약, 콩나물, 당근, 오이, 적양배추,
  새싹채소 순으로 담는다.

139kcal

무순

상추

당근

오이

무

메밀면

미역

레몬간장드레싱

냉메밀샐러드

이런 재료를 준비합니다

마른 메밀 면 30g
참기름 1/2작은술
말린 미역 3g, 무 50g
오이 1/3개, 당근 1/4개
상추 등 잎채소 2장
무순 · 소금 약간씩
레몬간장드레싱
레몬즙 · 간장 2작은술씩
설탕 1작은술
참기름 1/2작은술

169kcal

1 메밀 면은 반으로 잘라 봉지에 표시되어 있는 시간대로 삶는다.
   찬물에 헹군 후 물기를 말끔히 빼고 참기름으로 골고루 버무린다.
2 미역은 물에 불린 후 끓는 물에 살짝 데쳐서 찬물에 헹구고 물기를 뺀다.
   무는 껍질을 벗기고 4~5cm 길이로 채 썰고, 오이는 소금으로
   문질러 씻은 후 무와 비슷한 길이로 채 썬다.
3 당근은 껍질을 벗기고 다른 채소와 비슷한 길이로 채 썰고, 상추는 깨끗이
   씻어서 물기를 뺀 후 한입 크기로 썬다. 무순은 밑의 뿌리를 자른 후 깨끗이
   씻어서 물기를 뺀다.
4 드레싱 재료는 한데 담아서 골고루 섞는다.
5 자에 ④를 담고 미역, 메밀 면, 무, 오이, 당근, 상추, 무순 순으로 담는다.

이런 재료를 준비합니다

브로콜리 1/5개
파프리카(빨강 · 주황)
1/4개씩
소금 · 후춧가루 · 식용유
약간씩, 밥 1/2공기
드라이 카레
다진 쇠고기 60g
양파 1/4개, 당근 1/5개
마늘 2쪽
토마토 통조림 2큰술
카레가루 · 우스터소스 ·
토마토케첩 1작은술씩
소금 · 후춧가루 · 식용유
약간씩

328kcal

1 다진 쇠고기는 키친 페이퍼에 얹어서 핏물을 뺀다.
　양파와 당근은 작게 썰고, 마늘은 잘게 다지듯이 썬다.

2 달군 팬에 기름을 두르고 약한 불에서 다진 마늘을 넣어
　볶다가 향이 나면서 노릇노릇해지면 양파와 당근을 넣고
　양파가 투명해지도록 볶는다.

3 ②에 다진 고기를 넣고 고기 색이 완전히 변하도록
　달달 볶다가 토마토 통조림, 카레가루, 우스터소스,
　토마토케첩을 넣고 국물이 거의 졸아들 때까지 볶는다.
　부족한 간은 소금과 후춧가루로 맞춘다.

4 브로콜리는 작게 송이를 나누고, 파프리카는 꼭지를
　자르고 속 씨를 제거한 후 굵게 채 썬다.

5 달군 팬에 기름을 두르고 브로콜리와 파프리카를
　아삭하게 볶으면서 소금과 후춧가루로 심심하게 간을 한 후
　파프리카를 먼저 꺼낸다. 남은 브로콜리에 물 1~2큰술을
　넣고 뚜껑을 덮어서 아삭하게 데치듯이 좀 더 볶는다.

6 자에 밥을 반 분량만 담고 ③의 카레, 밥, 카레 순으로 담은 후
　볶은 파프리카와 브로콜리를 보기 좋게 얹는다.

삼색비빔밥

이런 재료를 준비합니다

다진 쇠고기 40g
달걀 1개, 배추김치 1쪽
김치 양념(참기름 · 통깨
1/3작은술씩)
상추 2장, 현미밥 1/2공기
소금 · 식용유 약간씩
볶음고추장
고추장 2작은술
간장 · 청주 1작은술씩
설탕 · 다진 마늘 ·
참기름 1/2작은술씩
후춧가루 약간

290kcal

상추

달걀

현미밥

김치무침

쇠고기고추장볶음

1 다진 쇠고기는 키친 페이퍼에 얹어서 핏물을 빼고, 달걀은 깨뜨려
  소금을 약간 넣고 골고루 섞는다.

2 배추김치는 잘 익은 것으로 준비해서 속을 털어내고 물기를 살짝 짠 후
  작게 송송 썰어서 김치 양념을 넣고 버무린다. 상추는 깨끗이 씻어서
  물기를 빼고 한입 크기로 찢고, 볶음고추장 재료는 한데 담아서 골고루 섞는다.

3 달군 팬에 기름을 약간 두르고 ①의 달걀물을 부어 재빨리 저으면서
  부드럽게 익혀서 따로 담아 식힌다.

4 ③의 팬에 다진 고기를 넣고 볶다가 고기 색이 완전히 변하면서 익으면
  준비한 볶음고추장 재료를 넣고 골고루 섞으면서 볶아 따로 담아 둔다.

5 자에 ④를 담고 밥을 반 분량 정도 담은 후 김치무침을 얹는다.
  그 위에 나머지 밥을 담고 달걀과 상추를 가지런히 올린다.

5

가끔은 달달한 기쁨도 있어야 해서!
디저트로 좋은 메뉴입니다

211kcal

아사이볼 240㎖ 혹은 350㎖ 자jar

이런 재료를 준비합니다

바나나 1/2개,
블루베리(냉동) 1컵
아사이베리 파우더 2큰술
(혹은 아사이베리
스무디 팩)
아몬드밀크 1/3컵
토핑용 과일
바나나 1/2개
블루베리 · 블랙베리 ·
라즈베리 등 약간씩

1 바나나는 껍질을 벗기고 한입 크기로 썰고,
 토핑용 바나나는 모양대로 동글게 썬다.
2 블렌더에 바나나, 블루베리, 아사이베리
 파우더를 넣고 아몬드밀크를 부어 곱게
 간 후 자에 담는다. 아몬드밀크 대신
 무가당 플레인 두유를 사용해도 좋다.
3 ②에 토핑용 바나나와 베리류를 모양내어
 예쁘게 얹는다. 토핑용 과일은 기호에 따라
 다양하게 사용해도 괜찮다.

176kcal

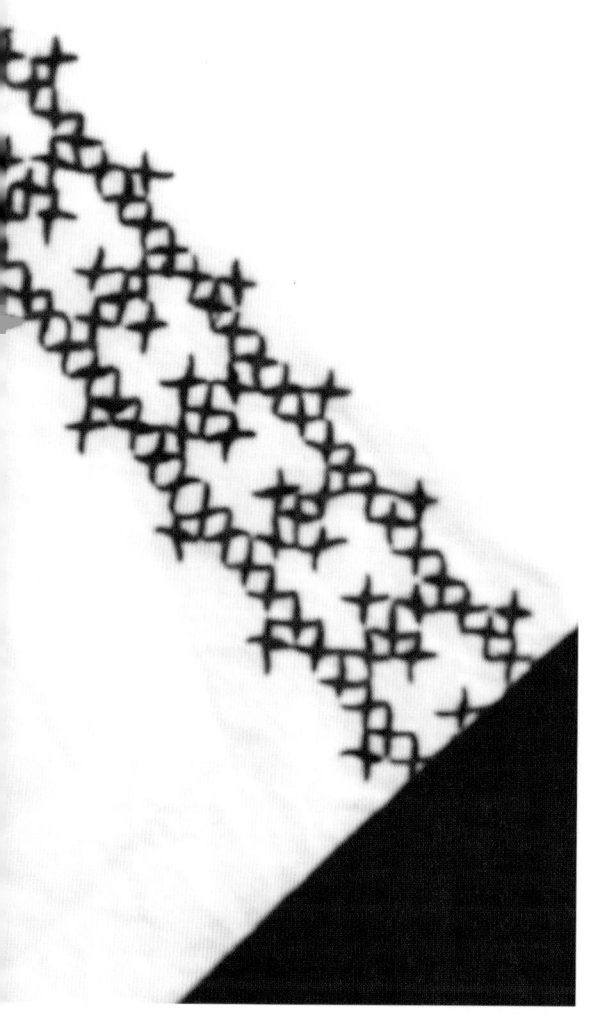

그린스무디볼
240㎖ 혹은 350㎖ 자jar

이런 재료를 준비합니다

케일 3장, 바나나
(작은 것) 1개
사과 1/2개
레몬 1/8개
아몬드밀크 1/3컵
토핑용 과일
바나나 · 살구 1/2개씩
블루베리 · 청포도 약간씩

1 케일은 깨끗이 씻어서 작게 썰고, 바나나는 껍질을
  벗기고 한입 크기로 썬다. 사과는 껍질째 작게 썰고,
  레몬은 겉껍질을 벗기고 속 씨를 제거한다.
2 블렌더에 ①의 준비한 재료들을 모두 담고
  아몬드밀크를 부어 곱게 간 후 자에 담는다.
3 토핑용 바나나는 동글게 저며 썰고, 살구도
  모양대로 저며 썰어서 블루베리, 청포도 등과 ②에
  모양내어 예쁘게 얹는다. 토핑용 과일은 기호에 따라
  다양하게 사용해도 좋다.

오렌지망고
치아시드 푸딩
240㎖ 자jar×2

이런 재료를 준비합니다

오렌지 · 망고 1개씩
아몬드밀크 1컵
메이플시럽 1/2큰술
치아시드 4큰술
토핑용 과일
키위 · 블루베리 ·
파인애플 · 오렌지 · 청포도
등 약간씩

1 오렌지는 양쪽 끝을 자른 후 겉껍질을 칼로 저며
  내고 한입 크기로 썬다. 망고는 속 씨를 중심으로
  양쪽을 자른 후 속살만 발라내고 씨에 붙은 속살도
  잘 발라낸다.

2 블렌더에 ①을 담고 아몬드밀크와 메이플시럽을
  넣어서 곱게 간다. 메이플시럽 대신 꿀을 사용해도
  괜찮다.

3 ②를 자에 각각 나눠 담고 치아시드를 반 분량씩
  넣어서 골고루 섞은 후 뚜껑을 덮고 냉장고에 넣어
  둔다. 전날 미리 만들어 두면 좋다.

4 ③에 토핑용 과일을 작게 썰어서 얹는다.
  토핑용 과일은 기호에 따라 가감해도 좋다.

234kcal

과일샐러드 500㎖ 자jar

바나나 · 사과 1/2개씩
살구 · 키위 1개씩
블루베리 · 청포도 약간씩
요구르트드레싱
무가당 플레인 요구르트
2큰술
마요네즈 1큰술
메이플시럽 1작은술

281kcal

<u>1</u> 바나나는 껍질을 벗기고 동그랗게 썰고, 사과는 깨끗이 씻어서
껍질째 한입 크기로 썬다.

<u>2</u> 살구는 껍질째 한입 크기로 썰고, 키위는 껍질을 벗기고
먹기 좋게 썬다. 블루베리와 청포도는 깨끗이 씻어서 준비한다.

<u>3</u> 드레싱 재료는 한데 담아서 골고루 섞는다.

<u>4</u> 자에 ③을 담고 준비한 과일을 보기 좋게 얹는다.
과일은 기호에 따라 가감하거나 다양하게 사용해도 좋다.

바깥 음식 못 믿겠어요
그렇다고 안 먹을 수는 없죠
오늘부터 직접 만들어 한 컵 혹은 한 병!

그러면 살이 안 빠지고 배기겠어요?

먹는 것을 가지고 이래라저래라 하면서 야단인 세상입니다. 소금을 먹지 마라, 설탕도 끊어라, 물을 엄청 마시고 탄수화물은 줄여라, 고기를 먹지 말랬다가 또 고기를 먹어야 한댔다가 채소가 답이랬다가 채소만 먹으면 안 된다고 야단! 그럴 때마다 어쩐지 바보가 되는 듯한 기분이 들어요. 그냥 나의 자율 의지대로, 내가 내 몸을 살피면서 먹으면 안 되는 거예요?

내 몸, 내 가족의 건강은 그 누구보다 내가 알고 주부가 압니다. 다른 사람들은 몰라요. 그러니까 너무 세상의 지시에 휘둘리지 않았으면 좋겠습니다. 나쁜 식습관은 스스로 고치는 거죠. 그게 답이에요. 나쁜 것을 너무 먹고 있다 싶으면 줄이고, 기름진 음식에 치우쳐 있다 싶으면 관리하고, 생각날 때마다 기분 좋게 물도 마시고 하면서 내 몸을 돌보는 거예요. 누군가가 좋다, 그러면 우 몰려가서 억지로 하는 식사, 제발 그러지는 않았으면 해요.

Capture One ...

Capture One ...

Capture One ...

Capture One ...

Capture One ...

Capture One ...

Capture One ...

Capture One ...

Capture One ...

Capture One ...

Capture One ...

Capture One ...

Capture One ...

Capture One ...

Capture One ...

Capture One ...

사실, 밖에 나가서 사먹는 식사가 마땅치 않을 때, 참 많습니다. 입맛에 맞지 않아서 짜증나고, 맛있거나 건강한 음식은 너무 비싸고, 가까운 식당에서 답을 찾으려니 그것도 하루이틀이지 정말 싫증이 나는 거예요. 그래서 사람들은 이제 집 밥을 들고 나가기 시작한 게 아니겠어요?

도시락이 최고이지만 사실 도시락은 좀 번거롭습니다. 이 책을 만들기 시작할 때 저희들은 이런 생각을 품고 있었어요. 집 밥의 건강함은 그대로 살리면서 도시락의 문제점은 싹 지우는 대안을 마련하고 싶었던 거죠. 한 컵, 주머니에 넣고 나가도 괜찮을 만큼 간편한 건강 식사. 얼마나 좋은가요?

어마어마하게 많은 레시피를 넣어서 비싼 값에 파는 책은 아니어야 한다고도 생각했습니다. 꼭 한번 따라 하고 싶고, 누군가가 성심을 다해서 도전해볼 수 있도록 돕는 책. 그런 책을 만들고 싶었으니까요. 책 속에 담긴 음식들만 다 해 먹어도 벌써 내 몸이 달라지는 기분을 느끼게 될 거예요.

자기 전에 만들어 냉장고에 넣어 두었다가 회사 갈 때 한 컵, 꺼내 가세요. 식구 수대로 한 병씩 장착해 두고 집 나서는 남편과 아이들에게 한 컵씩, 쥐여 보내세요. 도대체 밖에 나가서 뭘 먹고 지내는지, 끼니도 잊고 사는 건 아닌지… 노심초사하던 마음이 한결 가벼워질 거예요. 참! 다이어트를 시작한 당신에게는 궁극의 레시피가 될 수도 있겠네요. 맛있게 먹으면서 날씬해질 수 있는 절호의 찬스인 거죠.

한 걸음씩 시작하세요. 서두르지 말고 하세요. 하루 한 컵씩 열심히 만들어보다가 싫증나면 좀 빼먹기도 하는 거죠. 건강이라는 게 어디 그렇게 하루아침에 성을 쌓듯 완성되나요? 강박관념 같은 건 버리고 나와 내 가족들을 위해 하루 한 컵의 선물을 한다는 생각으로 실천해 보기를 권합니다. 그래서 행복하게 건강해지는 소리를 듣게 될 수 있었으면 좋겠습니다.

기대할게요. 당신이 더, 더, 더 건강하고 또 예뻐지는 모습을 보게 되기를!

매일 한 컵 : 저칼로리 식사

30일 다이어트 메모장

	오늘 먹은 한 컵 메뉴	오늘 먹은 다른 음식들	오늘 몸무게
1일차			
2일차			
3일차			
4일차			
5일차			
6일차			
7일차			
8일차			
9일차			
10일차			
11일차			
12일차			
13일차			
14일차			
15일차			

매일 한 컵의 건강한 저칼로리 식사를 시작했다면 아예 다이어트에 도전해보는 건 어떨까요?
지금부터 딱 30일, 매일 먹은 음식과 몸무게를 기록하면서 건강한 습관을 들여보세요.

	오늘 먹은 한 컵 메뉴	오늘 먹은 다른 음식들	오늘 몸무게
16일차			
17일차			
18일차			
19일차			
20일차			
21일차			
22일차			
23일차			
24일차			
25일차			
26일차			
27일차			
28일차			
29일차			
30일차			

每日 한 컵
: 저칼로리 식사

초판 1쇄 발행 2016년 4월 25일

지은이 | 김수연
펴낸이 | 김우연, 계명훈
기획 · 진행 | fbook
　　　　　김수경, 김연, 박혜숙, 최윤정
마케팅 | 함송이
경영지원 | 이보혜
디자인 | design group ALL(02-776-9862)
사진 | 이정민(물나무스튜디오 02-793-2231)
감수 | 정선주(영양사)
블렌더 협찬 | 드롱기 캔우드 코리아(080-647-0000)
유리병 · 소품 협찬 | JAJU
교정 | 김혜정
펴낸 곳 | for book 서울시 마포구 공덕동 105-219 정화빌딩 3층
　　　　　02-753-2700(판매) 02-335-3012(편집)
출판 등록 | 2005년 8월 5일 제 2-4209호

값 8,000원
ISBN 979-11-5900-016-4　　13590

맛있게 드십시오.

드시고 나면 스트레칭이라도 하셔야겠습니다.

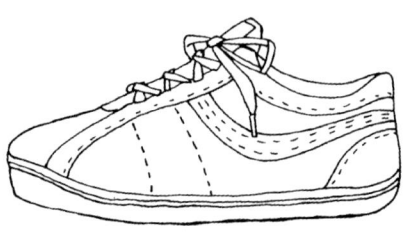